AF612123

SUR LA

RÉSISTANCE DE L'ÉTHER

AU MOUVEMENT DES PLANÈTES.

THÈSE D'ASTRONOMIE

PRÉSENTÉE A LA FACULTÉ DES SCIENCES DE PARIS,

PAR C. LECAPLAIN,

Agrégé des Sciences, Professeur de Mathématiques au Collége royal de Rouen.

PARIS,

IMPRIMERIE DE BACHELIER,

RUE DU JARDINET, 12.

1843.

ACADÉMIE DE PARIS.

FACULTÉ DES SCIENCES.

MM. DUMAS, doyen,
FRANCOEUR,
GEOFFROY SAINT-HILAIRE,
MIRBEL,
POUILLET,
PONCELET,
LIBRI,
STURM,
DELAFOSSE, } professeurs.

DE BLAINVILLE,
CONSTANT PREVOST,
AUGUSTE SAINT-HILAIRE,
DESPRETZ,
BALARD, } professeurs-adjoints.

LEFÉBURE DE FOURCY,
DUHAMEL,
VIEILLE,
MASSON,
PÉLIGOT,
MILNE EDWARDS,
DE JUSSIEU, } agrégés.

BLANCHET, suppléant.

THÈSE D'ASTRONOMIE.

SUR LA

RÉSISTANCE DE L'ÉTHER

AU MOUVEMENT DES PLANÈTES.

1. Les observations de Képler nous ont appris que les planètes décrivent des orbites elliptiques dont le Soleil occupe un des foyers; mais les éléments de ces orbites éprouvent avec le temps de légères variations. Quoique la théorie de la gravitation universelle suffise pour les expliquer, les physiciens ayant été conduits à supposer l'existence d'un fluide très-rare répandu dans l'espace, il est permis de penser que cette matière, quelque déliée qu'elle soit, oppose au mouvement des corps de notre système planétaire une résistance capable de produire de petites perturbations dans les éléments de ce mouvement. Je me propose, dans cette Thèse, de rechercher la nature de ces perturbations.

Je formerai d'abord les équations différentielles du mouvement, et je les intégrerai, après avoir transformé les coordonnées rectilignes en coordonnées polaires. Je déterminerai ensuite l'équation de l'orbite, et j'examinerai les variations que subissent, pendant chaque révolution, les rayons vecteurs périhélie et aphélie. Enfin, cherchant l'expression du temps en fonction de l'angle d'anomalie, j'en conclurai les altérations que produit dans la vitesse angulaire la présence de la matière éthérée.

Pour étudier d'une manière complète le mouvement d'un corps dans l'espace, il faudrait tenir compte de toutes les forces qui agissent à chaque instant sur lui, et considérer en même temps le mouvement de translation et celui de rotation, parce qu'ils ne sont pas, en général, indépendants l'un de l'autre, et ne peuvent être déterminés séparément; mais, pour simplifier la question, je n'aurai ici égard qu'au premier. Je supposerai aussi que le frottement de l'éther contre la surface d'une planète ne fera pas sortir son centre de gravité du plan de son orbite, en sorte que la trajectoire restera plane.

Les seules forces dont je tiendrai compte seront donc la gravitation de la planète vers le Soleil, et la résistance de l'éther. La première sera dirigée du centre de gravité de la planète vers celui du Soleil, et la même en grandeur que si les masses de ces deux corps étaient réunies à ces centres; la seconde sera la résultante des résistances partielles exercées sur tous les points de la surface du mobile et transportées parallèlement à elles-mêmes au centre de gravité : elle sera constamment dirigée suivant la tangente à la courbe et agira en sens contraire du mouvement.

2. *Équations différentielles du mouvement.* — Par le point O, centre de gravité du Soleil, je mène deux axes rectangulaires OX et OY, situés dans le plan de la courbe et dirigés de manière que l'axe OX passe par le périhélie P.

Soient x et y les coordonnées du centre de gravité m de la planète au bout du temps t;

F la force accélératrice qui, au même instant, provient de l'attraction mutuelle du Soleil et de la planète, et agit de m vers O;

φ la force accélératrice due à la résistance de l'éther et dirigée suivant la tangente à la courbe au point m, en sens contraire du mouvement;

r le rayon vecteur Om.

La composante de la force F, parallèle à l'axe des x, sera $-\frac{Fx}{r}$, et la composante parallèle à l'axe des y sera $-\frac{Fy}{r}$.

De même, $-\varphi\frac{dx}{ds}$ sera la composante, parallèle à l'axe des x, de la force φ, et $-\varphi\frac{dy}{ds}$ la composante de la même force, parallèle à l'axe des y.

On aura, pour les équations différentielles du mouvement,

$$\frac{d^2x}{dt^2} = -\frac{Fx}{r} - \varphi\frac{dx}{ds}, \tag{1}$$

$$\frac{d^2y}{dt^2} = -\frac{Fy}{r} - \varphi\frac{dy}{ds}. \tag{2}$$

Il s'agit d'intégrer ces deux équations, et d'en déduire celle de l'orbite et par suite toutes les circonstances du mouvement.

J'ajoute les équations (1) et (2), après avoir multiplié les deux membres de la première par dx et ceux de la seconde par dy ; il vient

$$\frac{dx\,d^2x + dy\,d^2y}{dt^2} = -\frac{F}{r}(x\,dx + y\,dy) - \varphi\left(\frac{dx^2 + dy^2}{ds}\right). \tag{3}$$

Si l'on représente par v la vitesse au bout du temps t, en sorte qu'on ait

$$v^2 = \frac{dx^2}{dt^2} + \frac{dy^2}{dt^2},$$

il en résultera

$$\frac{1}{2}d\,.\,v^2 = \frac{dx\,d^2x + dy\,d^2y}{dt^2}.$$

On a aussi

$$r^2 = x^2 + y^2;$$

d'où l'on déduit, en différentiant,

$$r\,dr = x\,dx + y\,dy.$$

Remplaçant, dans l'équation (3), $\frac{dx\,d^2x + dy\,d^2y}{dt^2}$ par $\frac{1}{2}d\,.\,v^2$, et $x\,dx + y\,dy$ par $r\,dr$, et remarquant en outre que $dx^2 + dy^2 = ds^2$, on aura

$$\frac{1}{2}d\,.\,v^2 = -F\,dr - \varphi\,ds. \tag{4}$$

Je multiplie maintenant les équations (1) et (2) respectivement par dy et dx, et je retranche la première de la seconde; j'aurai

$$\frac{dx\,d^2y - dy\,d^2x}{dt^2} = \frac{F}{r}(x\,dy - y\,dx). \tag{5}$$

Cette équation se simplifie en observant que le rayon de courbure d'une courbe plane est, quel que soit le choix de la variable indépendante,

$$R = \frac{ds^3}{dx\,d^2y - dy\,d^2x}.$$

D'ailleurs, si l'on représente par ω l'angle que fait avec l'axe des x le rayon vecteur Om, on a évidemment

$$r^2\,d\omega = x\,dy - y\,dx.$$

Substituant dans l'équation (5), au lieu de $dx\,d^2y - dy\,d^2x$, sa valeur $\frac{ds^3}{R}$, et au lieu de $x\,dy - y\,dx$, la quantité $r^2 d\omega$, on aura

$$\frac{ds^2}{R\,dt^2} = \frac{Fr\,d\omega}{ds},$$

ou, puisque $\frac{ds}{dt} = v$,

$$\frac{v^2}{R} = \frac{Fr\,d\omega}{ds}. \tag{6}$$

Il est aisé d'obtenir immédiatement les équations (4) et (6) par les considérations suivantes : la somme des composantes des forces données, suivant la tangente à la courbe, étant exprimée par $\frac{d^2s}{dt^2}$, en regardant comme positives celles qui tendent à augmenter l'arc s, et comme négatives celles qui tendent à le diminuer, on aura

$$\frac{d^2s}{dt^2} = -\frac{F\,dr}{ds} - \varphi;$$

car on voit facilement que $-\frac{F\,dr}{ds}$ représente la composante, suivant la tangente, de la force F. L'équation $v^2 = \frac{ds^2}{dt^2}$ donne aussi

$$\frac{1}{2}\,d.v^2 = ds\,\frac{d^2s}{dt^2};$$

d'où l'on conclut

$$\frac{1}{2} d . v^2 = - \mathrm{F} dr - \varphi ds ;$$

ce qui est l'équation (4). Je remarque, de plus, que $\frac{\mathrm{F} r d\omega}{ds}$, représentant la composante de F suivant la normale à la courbe, doit à chaque instant faire équilibre à la force centrifuge, puisque la force φ, étant dirigée suivant la tangente, aura une composante normale nulle; ce qui donne

$$\frac{v^2}{\mathrm{R}} = \frac{\mathrm{F} r d\omega}{ds}.$$

3. Pour éliminer le temps entre les équations (4) et (6), j'aurai recours aux coordonnées polaires, et, au lieu de regarder l'élément dt du temps comme constant, je prendrai l'angle ω pour variable indépendante.

Je remplace, dans l'équation (4), v par sa valeur $\frac{ds}{dt}$; il vient

$$\frac{1}{2} d . \frac{ds^2}{dt^2} = - \mathrm{F} dr - \varphi ds ,$$

ou

$$\frac{dt\, ds\, d^2 s - ds^2 d^2 t}{dt^3} = - \mathrm{F} dr - \varphi ds ; \tag{7}$$

je substitue aussi dans l'équation (6) à R sa valeur en coordonnées polaires, qui, comme on le sait, est

$$\mathrm{R} = \frac{ds^3}{2 dr^2 d\omega - r d\omega\, d^2 r + r^2 d\omega^3}.$$

Mais auparavant je remarque que le dénominateur peut se simplifier; en effet, la différentielle d'un arc de courbe étant

$$ds = \sqrt{dr^2 + r^2 d\omega^2},$$

on en déduit, en élevant au carré et différentiant,

$$ds\, d^2 s = dr\, d^2 r + r\, dr\, d\omega^2$$

et

$$d^2 r = \frac{ds\, d^2 s - r\, dr\, d\omega^2}{dr}.$$

Substituant cette valeur de d^2r dans l'expression de R, on a, toutes réductions faites,

$$R = \frac{dr\, ds^2}{2dr\, d\omega\, ds - r\, d\omega\, d^2 s}.$$

Si l'on met à la place de R cette valeur dans l'équation (6), et si l'on remplace aussi v^2 par $\frac{ds^2}{dt^2}$, il vient :

$$\text{(8)} \qquad \frac{2drds^2 - rdsd^2s}{rdt^2} = Fdr.$$

Enfin, éliminant de cette équation la différentielle de l'arc s à l'aide de l'équation $ds^2 = dr^2 + r^2d\omega^2$, elle devient :

$$\frac{2}{r}dr^2 + rd\omega^2 - d^2r = Fdt^2.$$

Je fais

$$\frac{1}{r} = \zeta,$$

d'où

$$dr = -\frac{d\zeta}{\zeta^2} \quad \text{et} \quad d^2r = -\frac{d^2\zeta}{\zeta^2} + \frac{2d\zeta}{\zeta^3}.$$

L'équation précédente se change en

$$\text{(9)} \qquad \frac{d^2\zeta}{d\omega^2} + \zeta - F\zeta^2\frac{dt^2}{d\omega^2} = 0;$$

et cette dernière servira à construire l'orbite quand on en aura éliminé le temps par le moyen de l'équation (7), que l'on simplifiera d'abord en y mettant à la place de Fdr son expression déduite de l'équation (8), et qui deviendra ainsi

$$\text{(10)} \qquad \frac{2dr}{r} - \frac{d^2t}{dt} + \varphi\frac{dt^2}{ds} = 0.$$

4. Avant d'intégrer les équations (9) et (10), il faut y substituer, au lieu de F et de φ, leurs valeurs, calculées d'après les hypothèses faites au commencement.

La force accélératrice provenant de l'action du Soleil sur la planète, étant en raison inverse du carré de là distance de ces deux corps et proportionnelle à la masse M du Soleil, pourra s'exprimer par $\frac{fM}{r^2}$, f étant un coefficient constant qui représentera l'intensité du pouvoir attractif rapporté aux unités de masse et de distance. Réciproquement, le Soleil est attiré vers la planète par une force $\frac{fm}{r^2}$, m étant la masse de la planète; de sorte que ces deux corps tendent à s'approcher l'un de l'autre par une force $\frac{fM}{r^2}+\frac{fm}{r^2}$ ou $\frac{\mu}{r^2}$ en posant $f(M+m)=\mu$. Or, comme il ne s'agit que de déterminer le mouvement relatif de la planète autour du Soleil, nous pouvons considérer ce dernier comme immobile par rapport à la planète, en imaginant que l'attraction de m sur M qui agit de m vers O est transportée à M dans le sens contraire. Ainsi, dans le mouvement dont il est question, la force F sera $\frac{\mu}{r^2}$ ou $\mu\zeta^2$, puisque $\frac{1}{r^2}=\zeta^2$.

2°. Je suppose que, ABCD étant l'ellipse rigoureuse qui serait décrite dans le vide en vertu de la force F, la planète parte du périhélie A avec une vitesse k. On pourra prendre pour φ une expression de la forme $\frac{hv^2}{k^2}$, h étant un coefficient que je regarderai comme constant et qui dépendra de la surface et de la densité de la planète, ainsi que de la densité de l'éther. Si l'on pose $\frac{h}{k^2}=n$, n sera une quantité très-petite qui, pour l'homogénéité de l'expression $\varphi=nv^2$, devra être considérée comme un nombre divisé par une ligne.

5. Substituons maintenant, dans les équations (9) et (10), à la place de F sa valeur $\mu\zeta^2$ et à la place de φ sa valeur nv^2 ou $n\frac{ds^2}{dt^2}$; elles deviendront

$$\frac{d^2\zeta}{d\omega^2}+\zeta-\mu\zeta^4\frac{dt^2}{d\omega^2}=0, \tag{11}$$

et

$$\frac{d^2t}{dt}-\frac{2dr}{r}-nds=0. \tag{12}$$

Le premier membre de l'équation (12) étant une différentielle exacte, s'intègre immédiatement et donne

$$\log \frac{dt}{d\omega} - 2\log r - ns = \log A,$$

en désignant par A une constante arbitraire. Cette intégrale peut se mettre sous la forme suivante

$$\log \frac{\frac{dt}{d\omega}}{Ar^2} = ns,$$

et on en déduit, en passant aux nombres, et représentant par ε la base des logarithmes népériens,

$$(13) \qquad \frac{dt}{d\omega} = Ar^2 \varepsilon^{ns}.$$

Si l'on désigne par σ l'arc de l'ellipse rigoureuse correspondant à l'angle ω, on pourra considérer l'arc s comme étant égal à $\sigma \pm \lambda$, λ étant une quantité très-petite, puisque les orbites des planètes ne diffèrent pas sensiblement de l'ellipse; il sera permis de négliger le produit $n\lambda$ dont les facteurs sont excessivement petits, au moins tant que le nombre des révolutions n'est pas très-considérable, et de réduire en conséquence le produit ns à $n\sigma$. L'équation (13) deviendra alors

$$(14) \qquad \frac{dt}{d\omega} = Ar^2 \varepsilon^{n\sigma}.$$

La constante A est facile à déterminer. En effet, la planète étant supposée partir du périhélie avec une vitesse k, perpendiculaire au rayon vecteur, on a en même temps $\sigma = 0$, et $r = a(1 - e)$. D'ailleurs, le coefficient différentiel $\frac{d\omega}{dt}$ représentant la vitesse angulaire de la planète, on aura sa vitesse absolue à l'origine en multipliant $\frac{d\omega}{dt}$ par $a(1 - e)$; et, comme cette vitesse est égale à k, on a l'égalité

$$k = a(1 - e)\frac{d\omega}{dt},$$

d'où

$$\frac{d\omega}{dt}=\frac{k}{a(1-e)};$$

faisant donc dans l'équation (14),

$$\sigma=0,\quad r=a(1-e)\quad \text{et}\quad \frac{d\omega}{dt}=\frac{k}{a(1-e)},$$

on aura

$$A=\frac{1}{ak(1-e)};$$

par suite, l'équation (14) deviendra

$$(15)\qquad \frac{dt}{d\omega}=\frac{r^2\varepsilon^{n\sigma}}{ak(1-e)}.$$

Éliminant dt entre cette équation et l'équation (11), il vient

$$\frac{d^2\zeta}{d\omega^2}+\zeta=\frac{\mu\zeta^4 r^4\varepsilon^{2n\sigma}}{a^2k^2(1-e)^2},$$

ou, puisque de $\frac{1}{\zeta}=r$ on tire $1=\zeta r$ et $\zeta^4 r^4=1$,

$$(16)\qquad \frac{d^2\zeta}{d\omega^2}+\zeta=\frac{\mu\varepsilon^{2n\sigma}}{a^2k^2(1-e)^2}.$$

Telle est l'équation différentielle de l'orbite dans le mouvement troublé par la résistance de l'éther.

Il faut, avant d'intégrer cette équation, la réduire à ne contenir que les deux variables ζ et ω. Or l'arc σ est une fonction de l'angle ω que l'on obtiendra en intégrant la formule qui donne la différentielle d'un arc d'ellipse, et déterminant la constante arbitraire par la condition que $\omega=0$ donne $\sigma=0$.

L'équation polaire de l'ellipse étant

$$r=\frac{a(1-e^2)}{1+e\cos\omega},$$

on aura, en différentiant,

$$dr=\frac{a(1-e^2)e\sin\omega\, d\omega}{(1+e\cos\omega)^2};$$

substituant cette valeur de dr dans l'expression $d\sigma=\sqrt{dr^2+r^2d\omega^2}$,

2.

on a

$$d\sigma = \frac{a(1-e^2)\sqrt{1+e^2+2e\cos\omega}}{(1+e\cos\omega)^2}\,d\omega,$$

d'où

$$\sigma = \int_0^\omega \frac{a(1-e^2)\sqrt{1+e^2+2e\cos\omega}}{(1+e\cos\omega)^2}\,d\omega.$$

Cette intégrale ne peut être obtenue sous forme finie; mais si on la développe en une série, ordonnée suivant les puissances croissantes de l'excentricité, cette série sera d'autant plus convergente que e sera plus petit, et par conséquent on pourra se borner à un petit nombre de termes. Si l'on remplace ensuite dans $\varepsilon^{2n\sigma}$, σ par sa valeur en ω, l'exponentielle $\varepsilon^{2n\sigma}$ deviendra une fonction de ω que je représenterai par Ω. L'équation de l'orbite deviendra ensuite

$$(17)\qquad \frac{d^2\zeta}{d\omega^2} + \zeta = \frac{\mu\Omega}{a^2k^2(1-e)^2}.$$

L'intégrale de cette équation s'obtient sans difficulté par la méthode de la variation des constantes arbitraires. A cet effet, je considère l'équation

$$(18)\qquad \frac{d^2\zeta}{d\omega^2} + \zeta = 0,$$

dont l'intégrale est

$$(19)\qquad \zeta = \mathrm{A}\sin\omega + \mathrm{B}\cos\omega,$$

A et B représentant deux constantes. Pour déduire de cette valeur de ζ l'intégrale de l'équation (17), je regarderai A et B, non plus comme des constantes, mais comme des fonctions de ω, et par conséquent comme susceptibles de varier avec cette quantité. Différentions sous ce point de vue l'équation (19), nous aurons

$$\frac{d\zeta}{d\omega} = \mathrm{A}\cos\omega - \mathrm{B}\sin\omega + \sin\omega\,\frac{d\mathrm{A}}{d\omega} + \cos\omega\,\frac{d\mathrm{B}}{d\omega}.$$

Les inconnues A et B étant au nombre de deux, et la seule condition à laquelle l'équation (19) soit assujettie étant de vérifier l'équation (17), nous pouvons prendre à volonté une équation auxiliaire ; nous ferons donc

$$(20) \qquad \sin\omega \frac{dA}{d\omega} + \cos\omega \frac{dB}{d\omega} = 0 :$$

de cette manière le coefficient différentiel $\frac{d\zeta}{d\omega}$ se réduira à

$$\frac{d\zeta}{d\omega} = A\cos\omega - B\sin\omega ;$$

différentiant une seconde fois, nous aurons

$$\frac{d^2\zeta}{d\omega^2} = -A\sin\omega - B\cos\omega + \cos\omega\frac{dA}{d\omega} - \sin\omega\frac{dB}{d\omega} ;$$

substituant cette valeur de $\frac{d^2\zeta}{d\omega^2}$, ainsi que celle de ζ, dans l'équation (17), nous aurons

$$(21) \qquad \cos\omega\frac{dA}{d\omega} - \sin\omega\frac{dB}{d\omega} = \frac{\mu\Omega}{a^2k^2(1-e)^2},$$

équation qui, jointe à l'équation (20), servira à déterminer les quantités A et B en fonction de ω.

On déduit des équations (20) et (21)

$$A = C_1 + \int \frac{\mu\Omega}{a^2k^2(1-e)^2}\cos\omega\, d\omega,$$

$$B = C_2 - \int \frac{\mu\Omega}{a^2k^2(1-e)^2}\sin\omega\, d\omega,$$

C_1 et C_2 étant deux constantes arbitraires.

Substituant ces valeurs de A et B dans l'équation (19), on aura l'intégrale de l'équation (17)

$$(22) \quad \zeta = C_1\sin\omega + C_2\cos\omega + \frac{\mu}{a^2k^2(1-e)^2}[\sin\omega\int\Omega\cos\omega\, d\omega - \cos\omega\int\Omega\sin\omega\, d\omega].$$

Au périhélie de l'ellipse rigoureuse, où le mouvement commence, on a

$$r = a(1-e)$$

où

$$\zeta = \frac{1}{a(1-e)},$$

et

$$\omega = 0.$$

Pour savoir ce que deviennent alors les deux termes $\sin\omega\int\Omega\cos\omega\, d\omega$ et $\cos\omega\int\Omega\sin\omega\, d\omega$, je remarque que, Ω représentant la quantité $\varepsilon^{2n\sigma}$, et l'arc σ étant nul quand $\omega = 0$, on pourra supposer l'arc σ aussi petit qu'on le voudra, et réduire par conséquent $\varepsilon^{2n\sigma}$ à l'unité; ce qui annule le terme $\sin\omega\int\Omega\cos\omega\, d\omega$, et donne $\frac{\mu}{a^2k^2(1-e)^2}$ pour le terme $\cos\omega\int\Omega\sin\omega\, d\omega$. On a donc, pour déterminer l'une des constantes, la condition

$$\frac{1}{a(1-e)} = C_2 + \frac{\mu}{a^2k^2(1-e)^2},$$

ce qui donne

$$C_2 = \frac{1}{a(1-e)} - \frac{\mu}{a^2k^2(1-e)^2}.$$

Pour avoir l'autre constante, on observera qu'au périhélie, le rayon vecteur est perpendiculaire à l'orbite, ce qui donne

$$\frac{dr}{d\omega} = 0;$$

et comme $\frac{dr}{d\omega} = -\frac{1}{\zeta^2}\frac{d\zeta}{d\omega}$, il en résulte

$$\frac{d\zeta}{d\omega} = 0,$$

car ζ n'est pas infini. Je différentie donc l'équation (22) et j'obtiens

$$\frac{d\zeta}{d\omega} = C_1\cos\omega - C_2\sin\omega + \frac{\mu}{a^2k^2(1-e)^2}\left[\cos\omega\int\Omega\cos\omega\, d\omega + \sin\omega\int\Omega\sin\omega\, d\omega\right].$$

En raisonnant comme précédemment, on verra que les valeurs des termes $\cos\omega\int\Omega\cos\omega\, d\omega$ et $\sin\omega\int\Omega\sin\omega\, d\omega$ sont nulles quand $\omega = 0$, d'où $C_1 = 0$.

Substituant dans l'équation (22), au lieu de C_1 et C_2 leurs valeurs, elle deviendra

$$(23)\ \zeta=\left[\frac{1}{a(1-e)}-\frac{\mu}{a^2k^2(1-e)^2}\right]\cos\omega+\frac{\mu}{a^2k^2(1-e)^2}[\sin\omega\int\Omega\cos\omega d\omega-\cos\omega\int\Omega\sin\omega d\omega],$$

Intégrant par parties les deux derniers termes, il vient

$$\int\Omega\cos\omega\, d\omega = \quad \Omega\sin\omega - \int\sin\omega\, d\Omega,$$

$$\int\Omega\sin\omega\, d\omega = -\Omega\cos\omega + \int\cos\omega\, d\Omega;$$

ces valeurs transforment l'équation (23) en

$$\zeta=\begin{cases}\left[\frac{1}{a(1-e)}-\frac{\mu}{a^2k^2(1-e)^2}\right]\cos\omega+\frac{\mu\Omega}{a^2k^2(1-e)^2}\\ -\frac{\mu}{a^2k^2(1-e)^2}[\sin\omega\int\sin\omega\, d\Omega+\cos\omega\int\cos\omega\, d\Omega],\end{cases}$$

les deux intégrales $\int\sin\omega\, d\Omega$ et $\int\cos\omega\, d\Omega$ devant s'annuler pour $\omega=0$.

La formule qui donne le carré de la vitesse dans le mouvement elliptique étant

$$v^2=\mu\left(\frac{2}{r}-\frac{1}{a}\right),$$

on en tire

$$k^2=\mu\left[\frac{2}{a(1-e)}-\frac{1}{a}\right],$$

et

$$\frac{\mu}{k^2}=\frac{a(1-e)}{1+e}.$$

Mettons dans l'équation précédente, au lieu de $\frac{\mu}{k^2}$ sa valeur $\frac{a(1-e)}{1+e}$; au lieu de ζ, $\frac{1}{r}$, et au lieu de Ω, $\varepsilon^{2n\sigma}$; elle se changera en

$$(24)\quad \frac{1}{r}=\frac{e\cos\omega}{a(1-e^2)}+\frac{\varepsilon^{2n\sigma}}{a(1-e^2)}-\frac{1}{a(1-e^2)}[\sin\omega\int\sin\omega\, d.\varepsilon^{2n\sigma}+\cos\omega\int\cos\omega\, d.\varepsilon^{2n\sigma}].$$

Le développement en série de la quantité $\varepsilon^{2n\sigma}$ donne

$$\varepsilon^{2n\sigma}=1+2n\sigma,$$

en négligeant les termes d'un ordre supérieur au premier, ce qui sera permis tant que $2n\varpi$ restera très-petit, ou tant que l'on n'embrassera pas un très-grand nombre de révolutions. La valeur de $d.\ \varepsilon^{2n\varpi}$ sera alors

$$2n\,d\varpi \quad \text{ou} \quad \frac{2n\,a(1-e^2)\sqrt{1+e^2+2e\cos\omega}}{(1+e\cos\omega)^2}\,d\omega.$$

L'équation de l'orbite deviendra donc:

$$(25)\quad \frac{1}{r} = \frac{1+e\cos\omega}{a(1-e^2)} + 2n\left[\begin{array}{l}\displaystyle\int\frac{\sqrt{1+e^2+2e\cos\omega}}{(1+e\cos\omega)^2}\,d\omega - \sin\omega\int\frac{\sqrt{1+e^2+2e\cos\omega}}{(1+e\cos\omega)^2}\sin\omega\,d\omega \\ \displaystyle -\cos\omega\int\frac{\sqrt{1+e^2+2e\cos\omega}}{(1+e\cos\omega)^2}\cos\omega\,d\omega\end{array}\right].$$

Je développe en série la quantité $\frac{\sqrt{1+e^2+2e\cos\omega}}{(1+e\cos\omega)^2}$. On a d'abord

$$\sqrt{1+e^2+2e\cos\omega} = 1 + \frac{1}{2}(e^2+2e\cos\omega) - \frac{1.1}{2.4}(e^2+2e\cos\omega)^2$$
$$+ \frac{1.1.3}{2.4.6}(e^2+2e\cos\omega)^3 - \ldots \pm \frac{1.1.3.5\ldots(2m-3)}{2.4.6.8\ldots.2m}(e^2+2e\cos\omega)^m;$$

de même on a

$$\frac{1}{(1+e\cos\omega)^2} = [1 - e\cos\omega + e^2\cos^2\omega - e^3\cos^3\omega + \ldots \pm e^m\cos^m\omega]^2;$$

par suite,

$$\frac{\sqrt{1+e^2+2e\cos\omega}}{(1+e\cos\omega)^2}$$
$$=\left[1+\frac{1}{2}(e^2+2e\cos\omega)^2 - \frac{1.1}{2.4}(e^2+2e\cos\omega)^3\ldots\pm\frac{1.1.3.7\ldots2m-3}{2.4.6.8\ldots2m}(e^2+2e\cos\omega)^m\right]$$
$$\times[(1-e\cos\omega+e^2\cos^2\omega-e^3\cos^3\omega+\ldots\pm e^m\cos^m\omega)^2].$$

On peut négliger dans ce développement les termes qui contiendront des puissances de e supérieures à la première, parce que cette quantité est très-petite pour toutes les planètes, si l'on excepte *Mars*, et qu'ils seront multipliés par la quantité n. L'expression de $\frac{\sqrt{1+e^2+2e\cos\omega}}{(1+e\cos\omega)^2}$ se réduira ainsi à $1 - e\cos\omega$. On aura alors, pour les trois intégrales contenues dans l'équation (25), les expressions suivantes, assujetties à s'annuler pour $\omega = 0$:

$$\int \frac{\sqrt{1+e^2+2e\cos\omega}}{(1+e\cos\omega)^2}\, d\omega = \omega - e\sin\omega,$$

$$\int \frac{\sqrt{1+e^2+2e\cos\omega}}{(1+e\cos\omega)^2} \sin\omega\, d\omega = 1 - \cos\omega - \frac{e}{2}\sin^2\omega,$$

$$\int \frac{\sqrt{1+e^2+2e\cos\omega}}{(1+e\cos\omega)^2} \cos\omega\, d\omega = \sin\omega - \frac{e}{2}\sin\omega\cos\omega - \frac{e}{2}\omega;$$

substituant ces valeurs dans l'équation (25), on aura

$$(26) \qquad \frac{1}{r} = \frac{1+e\cos\omega}{a(1-e^2)} + 2n\left[\omega - \left(1+\frac{e}{2}\right)\sin\omega + \frac{e}{2}\,\omega\cos\omega\right],$$

pour l'équation de l'orbite entre les coordonnées r et ω.

Variations des éléments de l'orbite.

6. On connaîtra le déplacement qu'éprouvent le périhélie et l'aphélie, en déterminant la position de ces points après une, deux, trois, etc., révolutions de la planète. Or, le périhélie correspondant à une valeur minimum du rayon vecteur, il s'ensuit que le coefficient différentiel $\frac{dr}{d\omega}$ aura, pour ce point, une valeur nulle. Cela posé, si l'on représente par $\varphi(\omega)$ le second membre de l'équation (26), on aura

$$\frac{1}{r} = \varphi(\omega),$$

d'où

$$r = \frac{1}{\varphi\omega},$$

et

$$\frac{dr}{d\omega} = -\frac{\varphi'(\omega)}{[\varphi(\omega)]^2}.$$

Comme le dénominateur ne peut être infini, puisqu'il en résulterait pour r une valeur nulle, il faudra qu'on ait

$$\varphi'(\omega) = 0.$$

J'égale donc à zéro le coefficient différentiel du second membre de l'équation (26) pris par rapport à ω, et j'ai

$$(27) \qquad \varphi'(\omega) = -\frac{e\sin\omega}{a(1-e^2)} + 2n\left(1-\cos\omega - \frac{e}{2}\omega\sin\omega\right) = 0.$$

Cette équation est vérifiée pour $\omega = 0$, $\omega = 2\pi$, $\omega = 4\pi,\ldots$, $\omega = 2m\pi$, m étant un nombre entier. Néanmoins ces valeurs ne correspondent réellement au périhélie que si elles donnent pour r une valeur minimum ou si elles rendent le coefficient différentiel $\frac{d^2r}{d\omega^2}$ positif. Or, de l'équation $\frac{dr}{d\omega} = -\frac{\varphi'(\omega)}{[\varphi(\omega)]^2}$ on déduit, en différentiant,

$$(28) \qquad \frac{d^2r}{d\omega^2} = -\frac{[\varphi(\omega)]^2\varphi''(\omega) - 2\varphi(\omega)[\varphi'(\omega)]^2}{[\varphi(\omega)]^4}.$$

L'équation (27) donne

$$\varphi''(\omega) = \frac{-e\cos\omega}{a(1-e^2)} + 2n\left(\sin\omega - \frac{e}{2}\omega\cos\omega - \frac{e}{2}\sin\omega\right).$$

Si maintenant on fait, dans l'équation (28), $\omega = 0$, $\omega = 2\pi,\ldots$, $\omega = 2m\pi$, on remarquera que la partie $2\varphi(\omega)[\varphi'(\omega)]^2$ sera nulle, puisque $\varphi'(\omega) = 0$ pour ces valeurs de ω. D'ailleurs, l'expression de $\varphi''(\omega)$ devenant alors négative, il s'ensuit que $\frac{d^2r}{d\omega^2}$ sera toujours positif, et par conséquent r sera un minimum.

On conclut de là que, l'origine de l'angle ω étant au périhélie, *ce point n'a aucun mouvement en longitude dans le plan de l'orbite.*

A l'aphélie, le rayon vecteur étant maximum, on a encore

$$\varphi'(\omega) = -\frac{e\sin\omega}{a(1-e^2)} + 2n\left(1-\cos\omega - \frac{e}{2}\omega\sin\omega\right) = 0.$$

Cette équation n'est pas rigoureusement vérifiée pour $\omega = \pi$, $\omega = 3\pi,\ldots$, $\omega = (2m+1)\pi$, puisque le premier membre se réduit à $4n$. Mais comme cette quantité est très-petite, on peut regarder, sans erreur sensible, ces valeurs comme satisfaisant à l'équation (27). Elles correspondent à un maximum de r, puisque alors le coefficient $\frac{d^2r}{d\omega^2}$ prend des valeurs négatives. Il en résulte que le lieu de l'aphélie ne se déplace pas sensiblement.

Cherchons maintenant les variations des rayons vecteurs périhélies et aphélies.

Les rayons vecteurs périhélies, après 0, 1, 2, etc., révolutions, s'obtiendront en faisant dans l'équation de l'orbite successivement $\omega = 0$, $\omega = 2\pi$, $\omega = 4\pi,\ldots$, $\omega = 2m\pi$; pour $\omega = 0$, ou après 0 révolutions, on a

$$\frac{1}{r_0} = \frac{1+e}{a(1-e^2)},$$

d'où

$$r_0 = a(1-e);$$

pour $\omega = 2\pi$, ou après une révolution,

$$\frac{1}{r_1} = \frac{1 + 2na.2\pi\left(1+\frac{e}{2}\right)(1-e)}{a(1-e)},$$

d'où

$$r_1 = \frac{a(1-e)}{1 + 2na.2\pi\left(1+\frac{e}{2}\right)(1-e)};$$

pour $\omega = 4\pi$, ou après deux révolutions,

$$\frac{1}{r_2} = \frac{1 + 2na.4\pi\left(1+\frac{e}{2}\right)(1-e)}{a(1-e)},$$

d'où

$$r_2 = \frac{a(1-e)}{1 + 2na.4\pi\left(1+\frac{e}{2}\right)(1-e)};$$

. . . .

. . . .

pour $\omega = 2m\pi$, ou après m révolutions,

$$\frac{1}{r_m} = \frac{1 + 2na.2m\pi\left(1+\frac{e}{2}\right)(1-e)}{a(1-e)},$$

d'où

$$r_m = \frac{a(1-e)}{1+2na.2m\pi\left(1+\frac{e}{2}\right)(1-e)},$$

résultats qui montrent que les rayons vecteurs périhélies diminuent sans cesse. La diminution pendant la première révolution s'obtient en retranchant le rayon r_0 du rayon r_1, ce qui donne

$$r_0 - r_1 = \frac{2na^2.2\pi\left(1+\frac{e}{2}\right)(1-e)^2}{1+2na.2\pi\left(1+\frac{e}{2}\right)(1-e)}.$$

On aura de même, pour la diminution pendant la deuxième révolution,

$$r_1 - r_2 = \frac{2na^2.2\pi\left(1+\frac{e}{2}\right)(1-e)^2}{\left[1+2na.2\pi\left(1+\frac{e}{2}\right)(1-e)\right]\left[1+2na.4\pi\left(1+\frac{e}{2}\right)(1-e)\right]},$$

. . . .

et pour la diminution pendant la $m^{ième}$ révolution,

$$r_{m-1} - r_m = \frac{2na^2.2\pi\left(1+\frac{e}{2}\right)(1-e)^2}{\left[1+2na\,(m-1)2\pi\left(1+\frac{e}{2}\right)(1-e)\right]\left[1+2na.m.2\pi\left(1+\frac{e}{2}\right)(1-e)\right]}.$$

Ces égalités nous apprennent que les différences $r_0 - r_1$, $r_1 - r_2, \ldots$, $r_{m-1} - r_m$, décroissent, puisque les numérateurs restent les mêmes et que les dénominateurs augmentent.

Les rayons vecteurs menés à l'aphélie sont les valeurs de r pour $\omega = \pi$, $\omega = 3\pi, \ldots$, $\omega = (2m+1)\pi$; on aura donc, après une demi-révolution, ou pour $\omega = \pi$,

$$\frac{1}{R_0} = \frac{1+2na.\pi\left(1-\frac{e}{2}\right)(1+e)}{a(1+e)},$$

d'où

$$R_0 = \frac{a(1+e)}{1+2na.\pi\left(1-\frac{e}{2}\right)(1+e)};$$

pour $\omega = 3\pi$, on a de même

$$\frac{1}{R_1} = \frac{1 + 2na.3\pi\left(1 - \frac{e}{2}\right)(1 + e)}{a(1 + e)},$$

d'où

$$R_1 = \frac{a(1 + e)}{1 + 2na.3\pi\left(1 - \frac{e}{2}\right)(1 + e)};$$

. . . .

pour $\omega = (2m + 1)\pi$,

$$\frac{1}{R_m} = \frac{1 + 2na.(2m + 1)\pi\left(1 - \frac{e}{2}\right)(1 + e)}{a(1 + e)},$$

d'où

$$R_m = \frac{a(1 + e)}{1 + 2na.(2m + 1)\pi\left(1 - \frac{e}{2}\right)(1 + e)}.$$

L'inspection de ces résultats nous montre que les rayons vecteurs aphélies vont toujours en diminuant ; mais cette diminution devient de plus en plus petite, car des égalités précédentes on conclut les suivantes :

$$R_0 - R_1 = \frac{2na^2.2\pi\left(1 - \frac{e}{2}\right)(1 + e)^2}{\left[1 + 2na.\pi\left(1 - \frac{e}{2}\right)(1 + e)\right]\left[1 + 2na.3\pi\left(1 - \frac{e}{2}\right)(1 + e)\right]},$$

. . . .

$$R_{m-1} - R_m = \frac{2na^2.2\pi\left(1 - \frac{e}{2}\right)(1 + e)^2}{\left[1 + 2na.(2m - 1)\pi\left(1 - \frac{e}{2}\right)(1 + e)\right]\left[1 + 2na.(2m + 1)\pi\left(1 - \frac{e}{2}\right)(1 + e)\right]},$$

qui prouvent que les différences $R_0 - R_1, \ldots, R_{m-1} - R_m$ vont en décroissant.

Remarquons maintenant que les rayons périhélies et aphélies étant à peu près dans le prolongement les uns des autres, il en résulte que *la résistance de l'éther diminue continuellement le grand axe de l'orbite.*

Accélération du moyen mouvement.

7\. Pour obtenir la durée des diverses révolutions, il faut déduire de l'équation (15) l'expression de t en fonction de l'angle ω. A cet effet, j'y substitue d'abord, au lieu $\varepsilon^{n\sigma}$, la quantité $1 + n\sigma$; elle devient

$$\frac{dt}{d\omega} = \frac{r^2}{ak(1-e)}(1+n\sigma). \tag{28}$$

Il faut encore remplacer, dans l'équation (28), r^2 et σ par leurs valeurs en fonction de ω ; mais, pour éviter la longueur des formules, je bornerai l'approximation à la première puissance de l'excentricité et du coefficient n, et je négligerai tous les termes qui seront d'un degré supérieur au premier par rapport à n et à e. J'aurai ainsi

$$\sigma = a(\omega - e\sin\omega),$$

et

$$n\sigma = na\omega; \tag{29}$$

l'équation de l'orbite donne aussi

$$r = \frac{a(1-e^2)}{1+e\cos\omega + 2na(\omega - \sin\omega)};$$

or on a

$$\frac{1}{1+e\cos\omega + 2na(\omega-\sin\omega)} = \frac{1}{1+e\cos\omega} - \frac{2n(\omega-\sin\omega)a}{(1+e\cos\omega)^2},$$

et ensuite

$$r = a(1-e^2)\left[\frac{1+e\cos\omega - 2na(\omega-\sin\omega)}{(1+e\cos\omega)^2}\right];$$

élevant au carré, il vient

$$r^2 = a^2(1-e^2)^2\left[\frac{1+e\cos\omega - 4na(\omega-\sin\omega)}{(1+e\cos\omega)^3}\right],$$

ou

$$r^2 = a^2(1-e^2)^2[1+e\cos\omega - 4na(\omega-\sin\omega)](1-3e\cos\omega),$$

d'où l'on tire aisément

$$\frac{r^2}{a(1-e)} = a(1+e)(1-e^2)[1+e\cos\omega - 4na(\omega - \sin\omega)](1-3e\cos\omega),$$

et

$$(30)\qquad \frac{r^2}{a(1-e)} = a(1+e) - 2ae\cos\omega - 4na^2(\omega - \sin\omega);$$

substituant dans l'équation (28), au lieu de $n\sigma$ et de r^2, leurs valeurs tirées des équations (29) et (30), on a

$$(31)\qquad kdt = [a(1+e) - 2ae\cos\omega + 4na^2\sin\omega - 3na^2\omega]d\omega.$$

J'intègre cette équation et je détermine la constante sous la condition que $\omega = 0$ donne $t = 0$; il vient

$$(32)\qquad t = \frac{a(1+e)\omega - 2ae\sin\omega - 4na^2\cos\omega - \frac{3}{2}na^2\omega^2 + 4na^2}{k},$$

équation qui donne l'expression du temps en fonction de l'angle d'anomalie ω.

Les durées des révolutions successives se déduiront aisément de l'équation (32). En effet, l'origine du temps est, comme nous l'avons supposé, l'instant où la planète part du périhélie; il suffira donc, pour avoir la durée de la première révolution, de faire $\omega = 2\pi$, et la valeur correspondante t_1 de t sera la durée cherchée. On a ainsi

$$t_1 = \frac{a(1+e).2\pi - \frac{3}{2}na^2(2\pi)^2}{k};$$

si l'on fait $\omega = 4\pi$, on aura pour la durée des deux premières révolutions,

$$t_2 = \frac{a(1+e).2.2\pi - \frac{3}{2}na^2.2^2(2\pi)^2}{k};$$

on aura de même pour la durée des trois premières révolutions,

$$t_3 = \frac{a(1+e).3.2\pi - \frac{3}{2}na^2.3^2(2\pi)^2}{k},$$

. . . .

. . . .

et pour la durée d'un nombre m de révolutions,

$$t_m = \frac{a(1+e).m.2\pi - \frac{3}{2}na^2.m^2(2\pi)^2}{k}.$$

Si nous retranchons le temps t_1 du temps t_2, il restera la durée de la deuxième révolution, qui sera

$$t_2 - t_1 = \frac{a(1+e).2\pi - \frac{3}{2}na^2 3.(2\pi)^2}{k};$$

on aura de même pour la troisième révolution,

$$t_3 - t_2 = \frac{a(1+e).2\pi - \frac{3}{2}na^2 5.(2\pi)^2}{k},$$

. . . .

et pour la durée de la $m^{ième}$ révolution,

$$t_m - t_{m-1} = \frac{a(1+e).2\pi - \frac{3}{2}na^2(2m-1)(2\pi)^2}{k}.$$

La comparaison des durées des révolutions successives nous montre qu'elles vont en diminuant; d'où il résulte que le moyen mouvement s'accélère.

Conclusions.

8. On peut résumer de la manière suivante les conséquences qui résultent des calculs précédents.

1°. La résistance de l'éther n'imprime aucun mouvement sensible en longitude au lieu du périhélie et à celui de l'aphélie d'une planète ;

2°. Cette résistance diminue peu à peu les rayons vecteurs périhélies et aphélies, et par suite le grand axe de l'orbite; mais cette diminution devient de plus en plus faible à mesure que la planète se rapproche du Soleil ;

3°. Elle produit dans la vitesse angulaire ou le moyen mouvement de la planète une accélération qui décroît en même temps que le grand axe de l'orbite.

Vu et approuvé,

Le 20 Octobre 1842.

Le Doyen de la Faculté des Sciences,

DUMAS.

Permis d'imprimer,

L'Inspecteur général des Études,

chargé de l'administration de l'Académie de Paris,

ROUSSELLES.

PROGRAMME

D'UNE

THÈSE DE MÉCANIQUE.

SUR

L'ATTRACTION DES SPHÉROÏDES.

1. Équations générales des attractions exercées par un sphéroïde quelconque sur un point unique. On obtient ces attractions en différentiant, par rapport aux coordonnées du point attiré, la fonction V qui exprime la somme des molécules du sphéroïde, divisées par leur distance au point attiré :

1°. Lorsque ce point ne fait pas partie du sphéroïde, la fonction V satisfait à l'équation aux différences partielles

$$\frac{d^2V}{d\alpha^2} + \frac{d^2V}{d\beta^2} + \frac{d^2V}{d\gamma^2} = 0;$$

2°. Lorsqu'il en fait partie, on a alors

$$\frac{d^2V}{d\alpha^2} + \frac{d^2V}{d\beta^2} + \frac{d^2V}{d\gamma^2} + 4\pi\rho = 0.$$

2. Attraction d'une couche sphérique sur un point intérieur ou extérieur. — Propriétés relatives à chacun de ces cas. — Recherches des lois d'attraction, en fonction de la distance, dans lesquelles ces propriétés subsistent.

3. Formules des attractions des ellipsoïdes homogènes sur un

point intérieur. — Transformation de ces formules en coordonnées polaires. — Une première intégration partielle conduit à des conséquences assez remarquables relativement aux attractions d'un ellipsoïde homogène sur un point de sa propre masse, ou à celles d'une couche elliptique sur un point intérieur. — Réduction de ces attractions aux quadratures. — Cas où l'ellipsoïde est de révolution.

4. Attraction des ellipsoïdes homogènes sur un point extérieur. — Théorème au moyen duquel on fait dépendre l'attraction d'un ellipsoïde sur un point extérieur, de celle d'un autre ellipsoïde sur un point intérieur.

5. Attraction d'une couche ellipsoïdale infiniment mince sur un point extérieur. — Propriété géométrique de la fonction V, d'où résulte la détermination de cette attraction. — Calcul de la fonction V, 1° lorsque le point attiré est extérieur, 2° lorsqu'il est intérieur.

Vu et approuvé,

Le 20 Octobre 1842.

Le Doyen de la Faculté des Sciences,

DUMAS.

Permis d'imprimer,

L'Inspecteur général des Études,

chargé de l'administration de l'Académie de Paris,

ROUSSELLES.

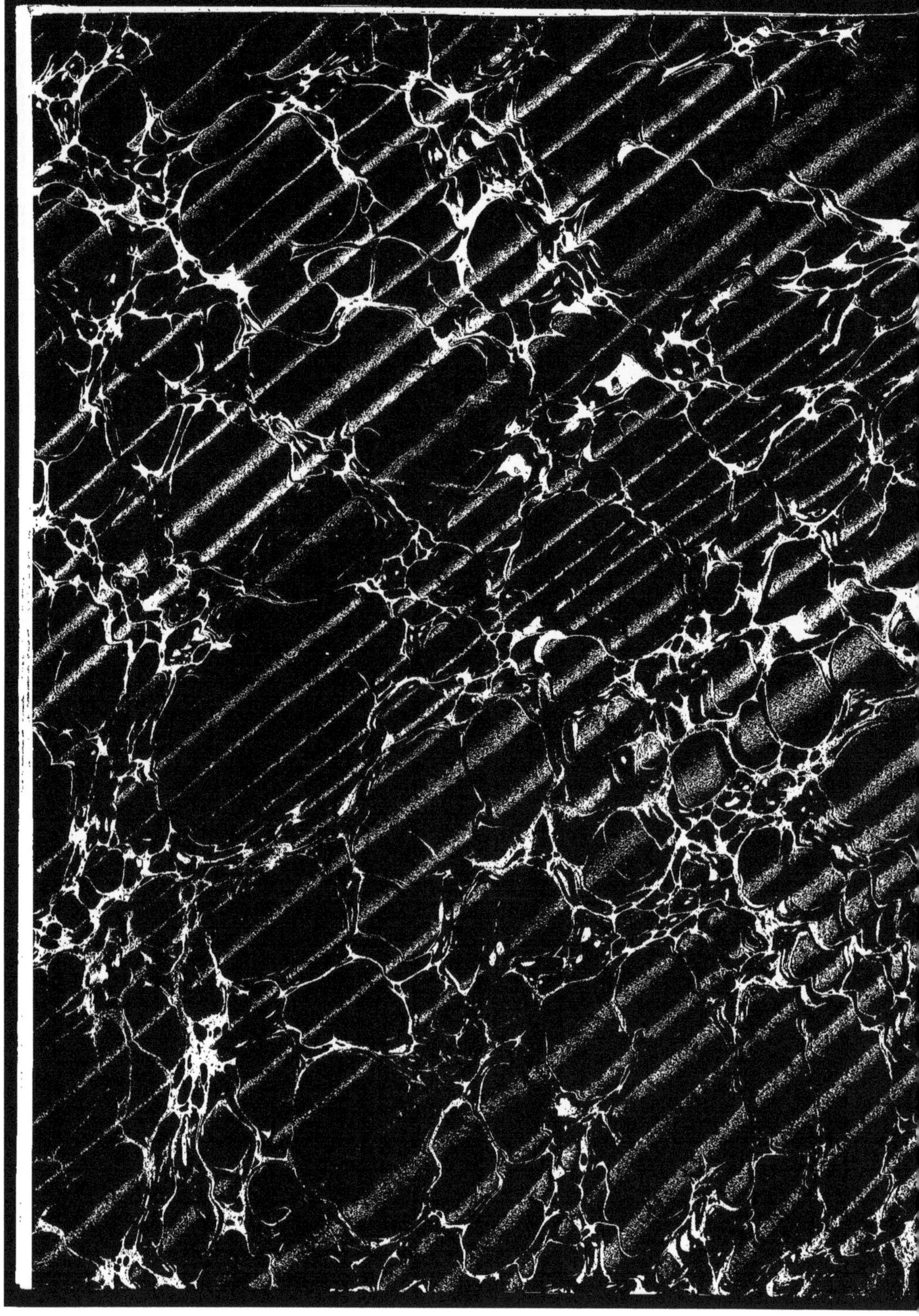

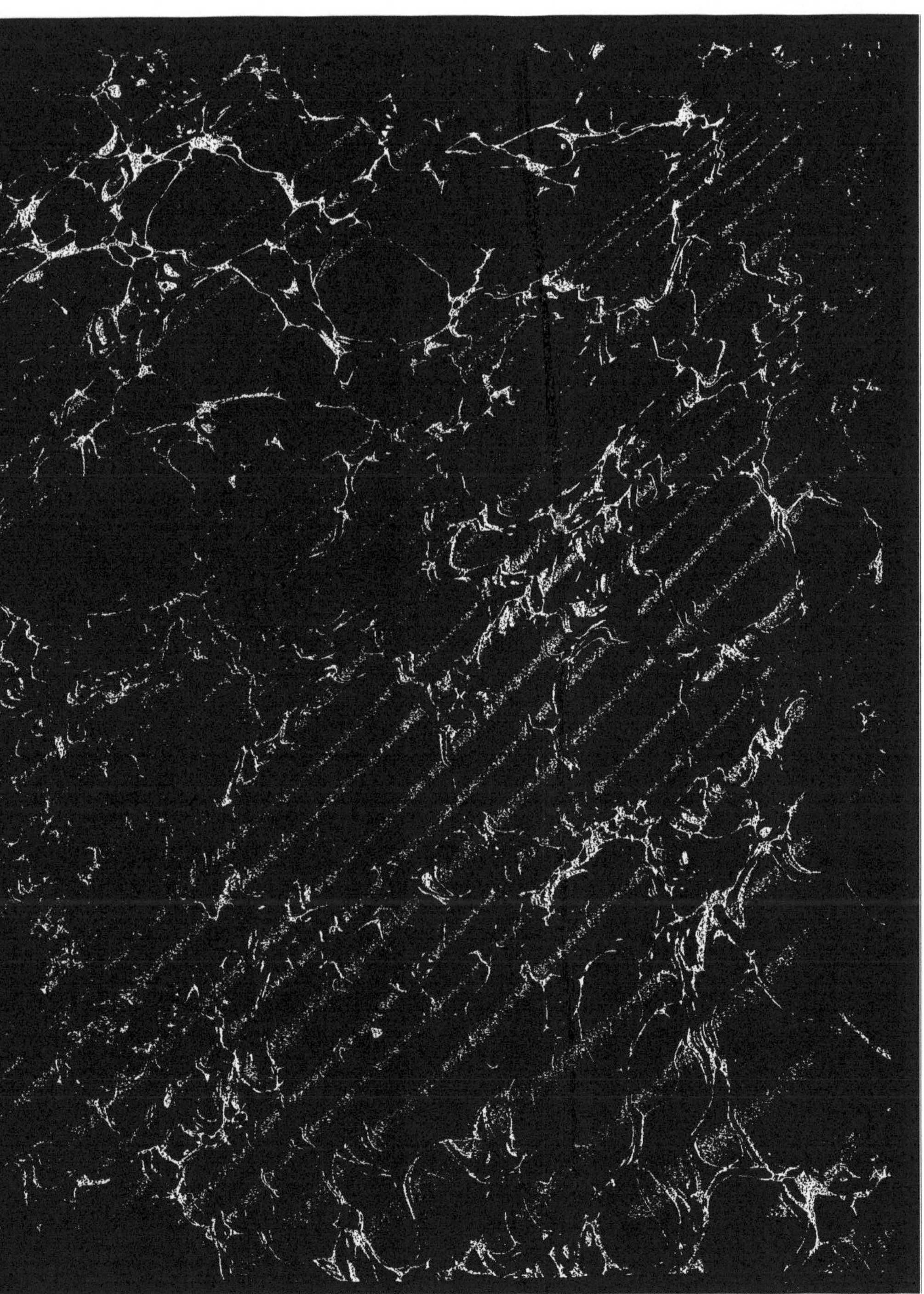

www.ingramcontent.com/pod-product-compliance
Ingram Content Group UK Ltd.
Pitfield, Milton Keynes, MK11 3LW, UK
UKHW021119230726
13926UKWH00002B/559

9 782014 437799